筑波大学附属小学校教諭
盛山 隆雄

はじめての さんすう

5・6・7 歳向け

ぼうけんきょうかしょ

実務教育出版

算数が得意になる秘訣は日常生活にある

筑波大学附属小学校教諭　盛山　隆雄

　小学1年生の算数で大切なことは何だと思いますか？
「たし算」や「ひき算」の計算ができることでしょうか。それとも「さんかく」や「しかく」といった形がわかることでしょうか。

　実は、いちばん大切なのは、「数を数えること」です。「たし算」や「ひき算」は、数を速く数えるための方法という見方をすることができ、計算は、「数を数えること」の先にある活動なのです。

　たとえば、5個のあめを「いち、に、さん、し、ご」と数えることができます。

いち　　に　　さん　　し　　ご　　　　**ぜんぶで5個**

　2個のいちごのあめと3個のレモンのあめがあって、全部でいくつかを知りたいとき、同じように1個ずつ数えてもよいのですが、ここでたし算を使うと速く数えることができます。

2個　　　　　　　3個

2 + 3 = 5　　ぜんぶで5個

ちなみに、次のようにあめが並んでいたら、「いち、に、さん、し、ご、ろく」と数えることができますが、「に、し、ろ」と２個ずつ数えると速いですね。この見方は、たし算の「２＋２＋２＝６」となり、かけ算の「２×３＝６」につながります。

に　　　　　　　　　し　　　　　　　　　ろ

　いかがでしょうか。数えることと計算のつながりから、数えることの価値をわかっていただけたでしょうか。

　小学１年生の算数の教科書を見ると、数を数えることから学習は始まっています。しかし、数を数える経験を十分保障しているとは言い難く、授業時数の関係もあって、たし算やひき算の学習にどんどん移っていきます。長年の指導の経験から言わせていただくと、数を数えることが苦手な子どもは、そのまま計算が苦手、算数が苦手になっていく傾向にあると感じています。

　では、「どのように数を数える経験をすればいいの？」、「どのくらい数えられるようになればいいの？」と思われたことでしょう。

　そのヒントは、生活の中にあります。身の回りを見渡すと、カレンダーや時計がありますね。日にちは 31 日まで、１時間は 60 分まであります。

　「〇〇さんのお誕生日は、５月 31 日だよ！」
　「ほら、６時 50 分になりますよ。起きなさい！」
このように子どもたちはカレンダーや時計にある数を日頃から耳にしています。だから、まずは 30 まで、次に 60 まで数詞を唱える練習をしましょう。そのうえで、おやつのあめの数や育てた朝顔の種の数を数える経験を積むのです。30 まで楽に数えられる子どもが、「５＋３」といった計算に困ることはありません。

　本書は、小学校入学前から小学１年生の夏休み前までの子どもたちの「数える力」を楽しくつけるための絵本の教科書です。本書が子どもたちの「算数好き」を増やし、「算数が得意」になるための一助となれば幸いです。

はじめてのさんすう　ぼうけんきょうかしょ　もくじ

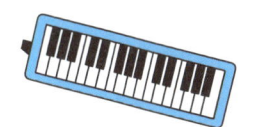
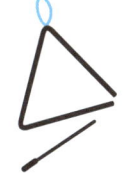

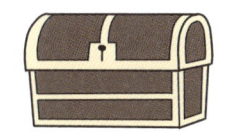

どんな たのしい ことが

「さんすう」の せかいの
ぼうけんが はじまるよ！
かず、かたち、たしたり、
ひいたり、……

じゃんぐるだ！
10までの かずを
かぞえながら
ぼうけんだ！

うみの なかだ！
かめや、くらげや、たこが
たくさん いる。
よし、30までの かずを
かぞえるぞ！

まって　いるかな？

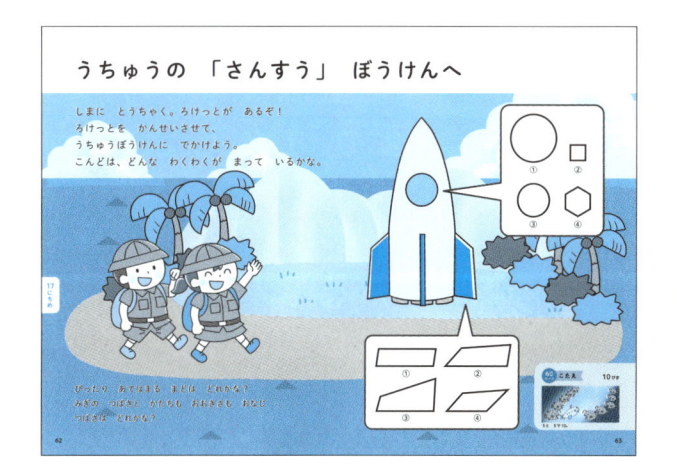

ろけっとが　あるぞ！
よし、うちゅうへ
しゅっぱつだ！
いろいろな　かずや
かたちを　みつけよう。

ちきゅうに　かえって
　　　　　きたぞ！

よるの　がっこうの
ぼうけんだ！
がっこうって　どんな
ところかな？

「さんすう」って　どんな

さあ、「さんすう」の　せかいを　ぼうけんしよう！
かず、かたち、たしたり、ひいたり、……
わくわく、どきどきが　まって　いるよ！

だろう？

さんすうの　せかい

31にちで　この　ぼうけんを

ぼうけん

にちようび	げつようび	かようび
5 ご	6 ろく	7 しち
12 じゅうに	13 じゅうさん	14 じゅうし
19 じゅうく	20 にじゅう	21 にじゅういち
26 にじゅうろく	27 にじゅうしち	28 にじゅうはち

さあ、まずは　1から　31までの　かずを　こえに

おわれるかな？

カレンダー

すいようび	もくようび	きんようび	どようび
1 いち	2 に	3 さん	4 し
8 はち	9 く	10 じゅう	11 じゅういち
15 じゅうご	16 じゅうろく	17 じゅうしち	18 じゅうはち
22 にじゅうに	23 にじゅうさん	24 にじゅうし	25 にじゅうご
29 にじゅうく	30 さんじゅう	31 さんじゅういち	

だして いって みよう！  おうちの ひとに きいて もらおう。

じゃんぐるの　「さんすう」ぼう

じゃんぐるには、いろいろな　どうぶつが　ひそんで
いるよ。どんな　どうぶつが　なんびき　いるか、
かぞえて　みよう！

けんへ

 **ヒント**

かくれて　いるのは、ありくい、
かめれおん、へび、ふらみんごだよ。

かずは、すうじで　あらわせる

いち

に

よ！

し（よん）

さん

10ページ こたえ

ありくい	1ぴき
かめれおん	2ひき
へび	3びき
ふらみんご	4わ

にげた　どうぶつを　さがせ！

にんげんに　つかまって　いたが、うまく　にげた
どうぶつが　いるぞ。3つの　からの　いれものが
あるから、3びきだ。
にげた　どうぶつは　なんだろう？

すうじを　かいて　みよう！

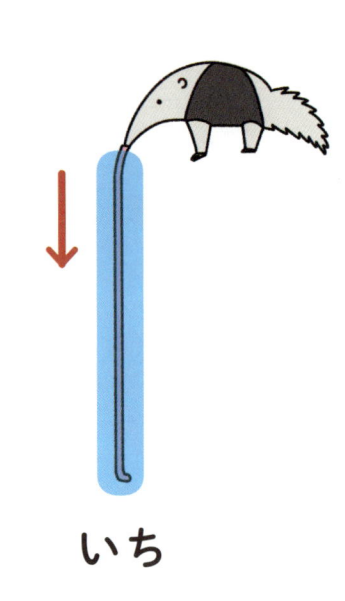

いち

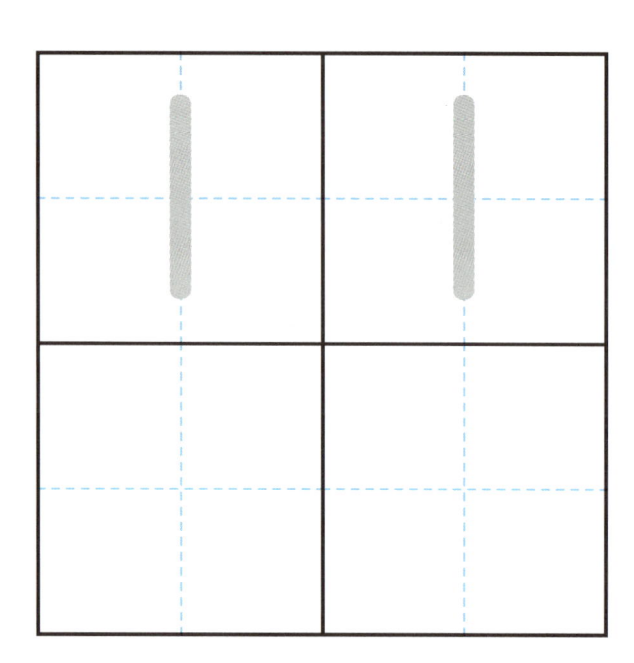

に

さん

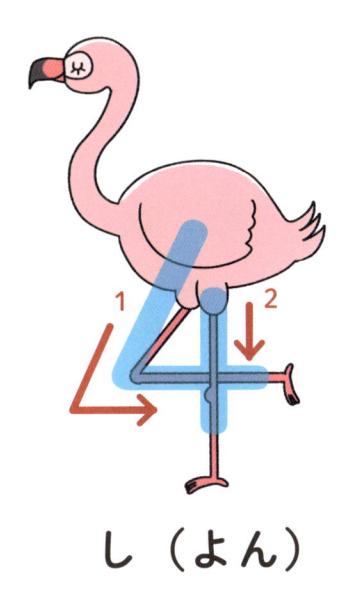

し（よん）

14 ページ こたえ　おらうーたん

17

みずべに いる どうぶつたち

じゃんぐるの　みずべには、いろいろな　どうぶつが
あつまって　くるんだ。さあ、どんな　どうぶつが
なんびき　いるか　かぞえて　みよう。

を　かぞえて　みよう！

かぞえたい　どうぶつの　うえに　1こずつ
おはじきを　おいて、その　おはじきの　かずを
かぞえる　ほうほうも　あるよ。

すうじで　あらわそう！

ご

ろく

しち（なな）

きほんてきに、
にんげんより　大きい
どうぶつは　「とう」、
とりは　「わ」で
かぞえるんだよ。

18ページ こたえ

わに　　5ひき
かば　　6とう
おうむ　7わ
おうむは、とりでも、
せいかいだよ。

21

とびたった　とりたちを　かぞ

とらだ！　1とうの　とらが　ちかづくと、
たくさんの　とりが　とびたった。きれいな　とりだ。
きいろい　とりと　あかい　とりは、それぞれ
なんわかな？

えて　みよう！

すうじを　かいて　みよう！

ご

ろく

しち（なな）

22
ページ こたえ

きいろい　とり
6わ

あかい　とり
7わ

さるは　なんびき？

しばらく　いくと、さるの　むれに　であったぞ。
いったい　なんびき　いるんだろう。
ぼすざるは　どの　さるかな。こざるは　なんびき？

ごりらと　ばななの　かずを

おっと、こんどは　ごりらの　むれが　ばななを
たべて　いるぞ。
ごりらは　なんとう　いるのかな。
ばななは　ぜんぶで　なんぼん？

かぞえて　みよう！

 **ヒント**

ばななは　ごりらより
1ぽん　おおいから……。

 **26 ページ こたえ**

さる　　10 ぴき
こざる　3 ぴき

よるの　じゃんぐるに　なにか

よるに　なった。めが　ひかって　いる　どうぶつが
いる。こうもりだ！　ぶきみだ。
なんびき　いるんだろう。

が　いるぞ！

ヒント

2ひきずつ　とまって　いるね。
2、4、6、8、10
と　かぞえて　みよう！

28ページ　**こたえ**

ごりら　8とう
ばなな　9ほん

かずが　おおく　なると、かぞ

はち

く（きゅう）

える　くふうが　ひつようだね。

じゅう

30ページ　こたえ
こうもりは
10ぴき

すうじを　かいて　みよう！

はち

く（きゅう）

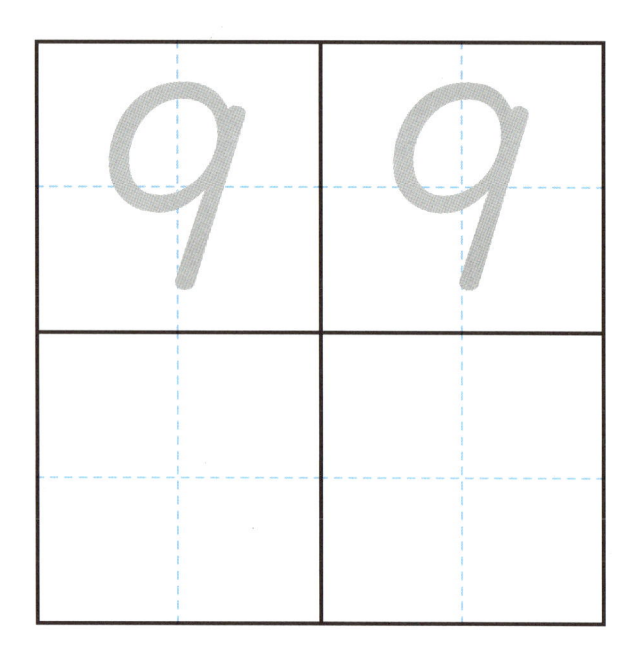

じゅう

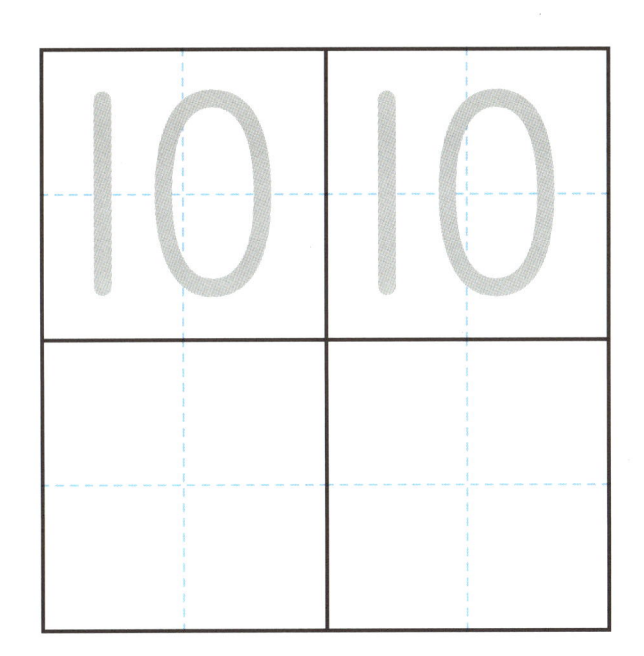

いったい　なんとうの　らいお

じゃんぐるを　ぬけた。そうげんに　でると、
な、なんと、らいおんの　むれに　でくわしたぞ。
まずい、にげないと。
らいおんは　ぜんぶで　なんとう　いるんだろう。

んが　いるんだ！

たてがみの　ある　おすらいおんは
なんとう　いる？
めすらいおんは　なんとう　いる？
なんとか　ききゅうで　にげる　ことが　できた！

うみに　でたぞ！　ふねに　お

たくさんの　ふねが　あるね。おりる　ふねには、
まるい　かたちが　3つ　みえる　はずだ。
さあ、どの　ふねに　おりれば　いいのかな。

りょう！

36ページ こたえ

らいおん　**10**とう
おす　　　**6**とう
めす　　　**4**とう

うみの 「さんすう」

つぎは、うみの せかいの ぼうけんだ。
どんな うみの 「さんすう」が まって
いるのかな。

くらげと かめが 10ぴきずつ およいで いるぞ。
そこへ、たこが すみを ふいた。
すみで みえなく なった ところに なんびきずつ
いるのかな。

ぼうけんへ

38ページ こたえ

５ひきの　さかなは　どれかな？

めずらしい　さかなが　いるよ。
かずは　５ひき。
２しゅるい　いる。
いったい、どの　さかなかな？

40ページ こたえ

くらげ　**1** ぴき
かめ　**3** びき

43

10 ぴきより　おおいのは　どれ？

おおきな　むれも　みえるね。
10 ぴきより　おおい　さかなは　どの　さかなかな？
いったい、なんびきだろう。

 ヒント1

はなれて　いても　おなじ　しゅるいの
さかななら　いっしょに　がぞえるよ。

ヒント2

おはじきを　おいて、
その　おはじきの　かずを
かぞえて　みよう。

42
ページ　こたえ

10ぴきより おおい さかな □に すうじを かこう。

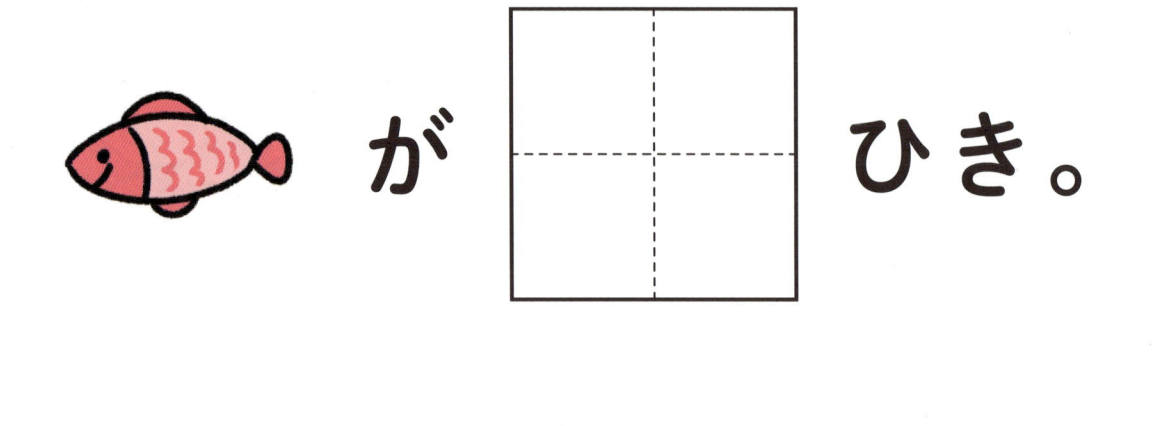

さかな が □□ ひき。

は、なんびき　いたのかな？

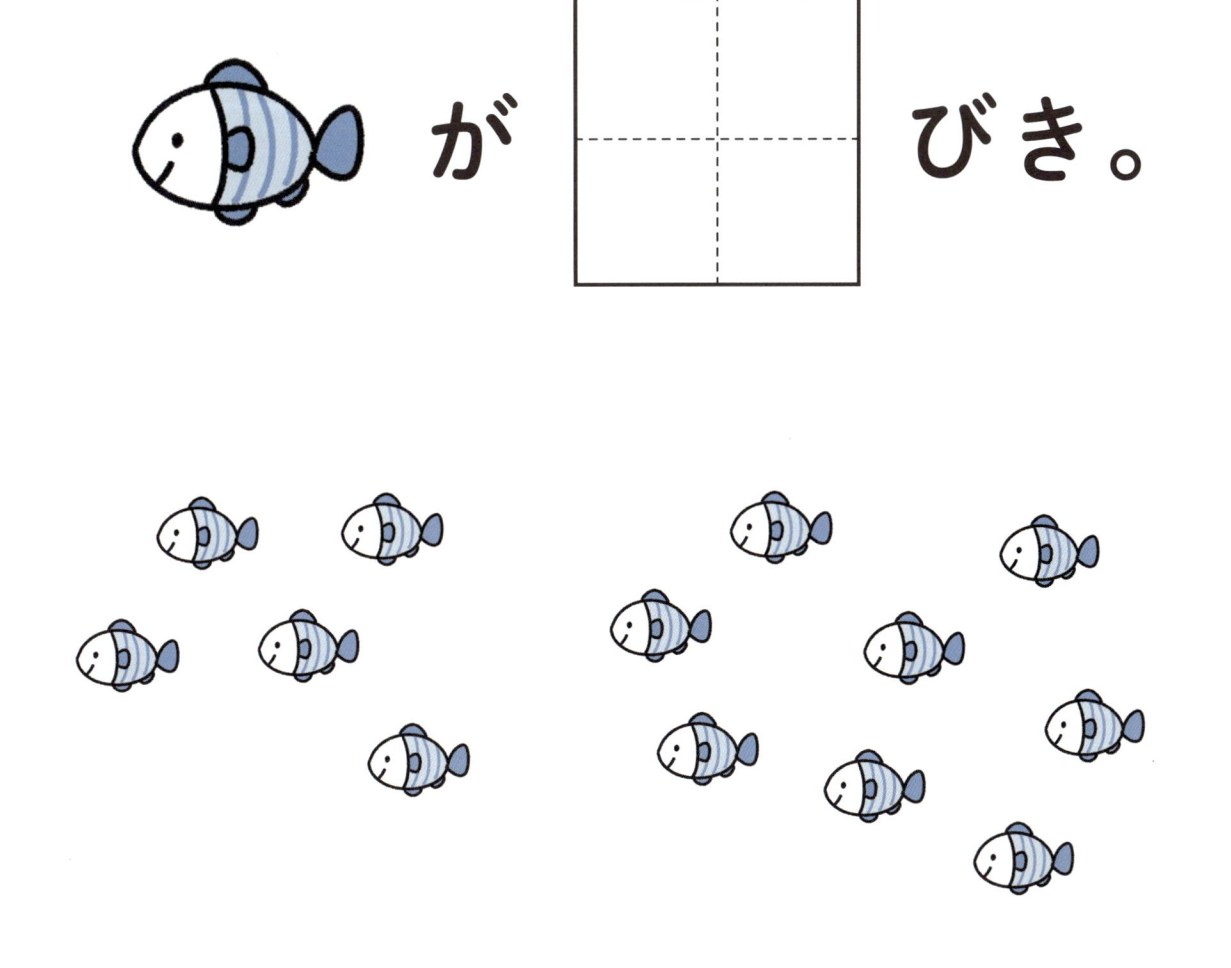

1ぴきしか　いない　さかなは

きれいだなあ。ねったいぎょや　さんごが
いる。あっ、この　なかに　1ぴきしか　いない
さかなが　いるよ。いったい、どの　さかなかな？

どれかな？

46 ページ こたえ

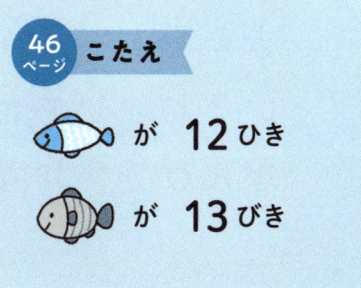
が **12 ひき**

が **13 びき**

どの　さかなが　いちばん　お

きれいに　ならんで　およいで　いる　さかなたちも
いるね。いちばん　おおい　さかなは　どれかな？
なんびき　いるんだろう。

おい？

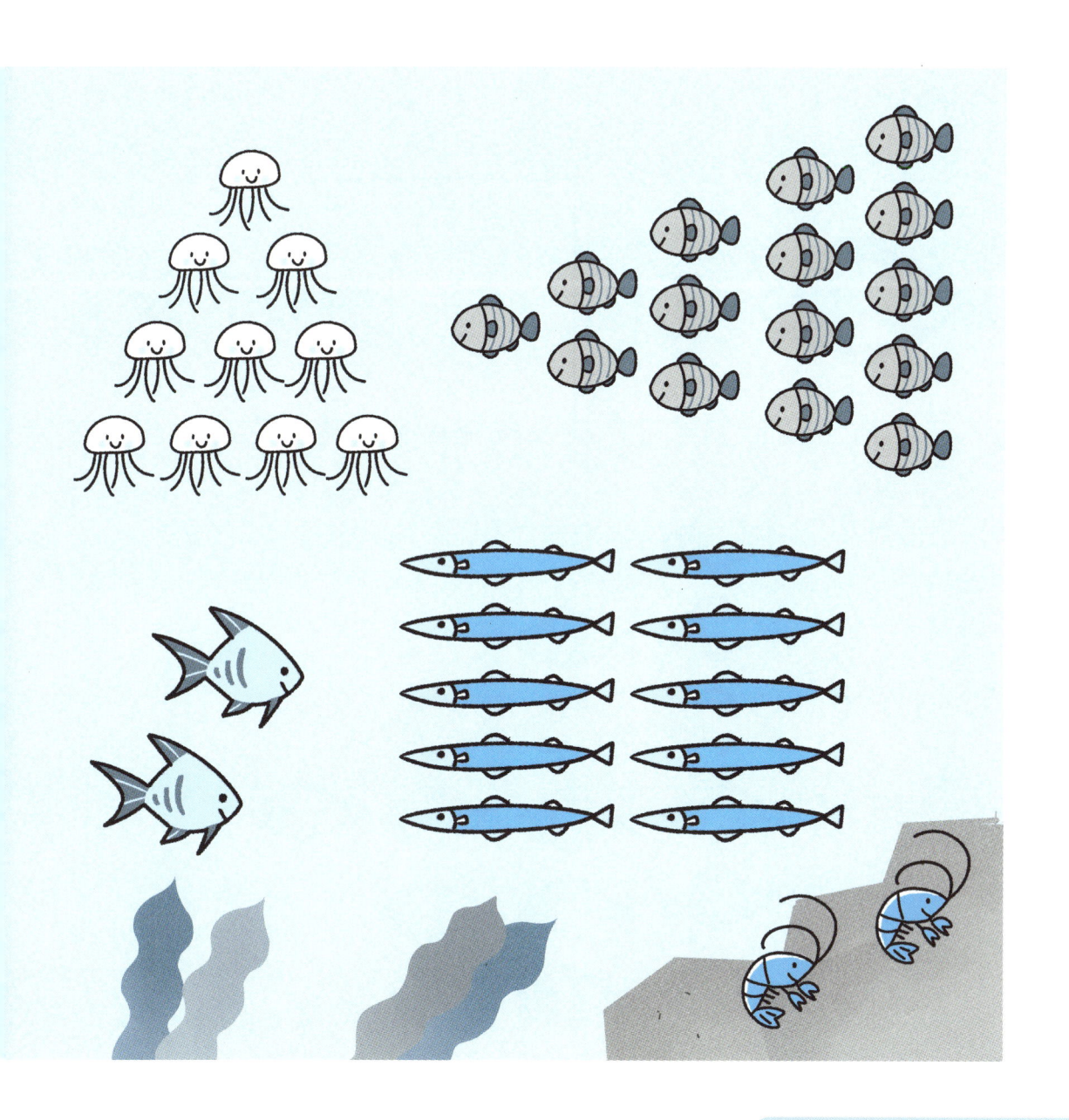

48ページ こたえ

さかなの　むれには、なんび
□に　すうじを　かこう。

 が 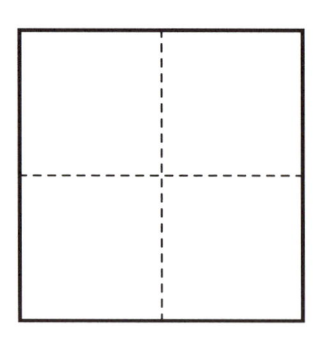 ぴき。

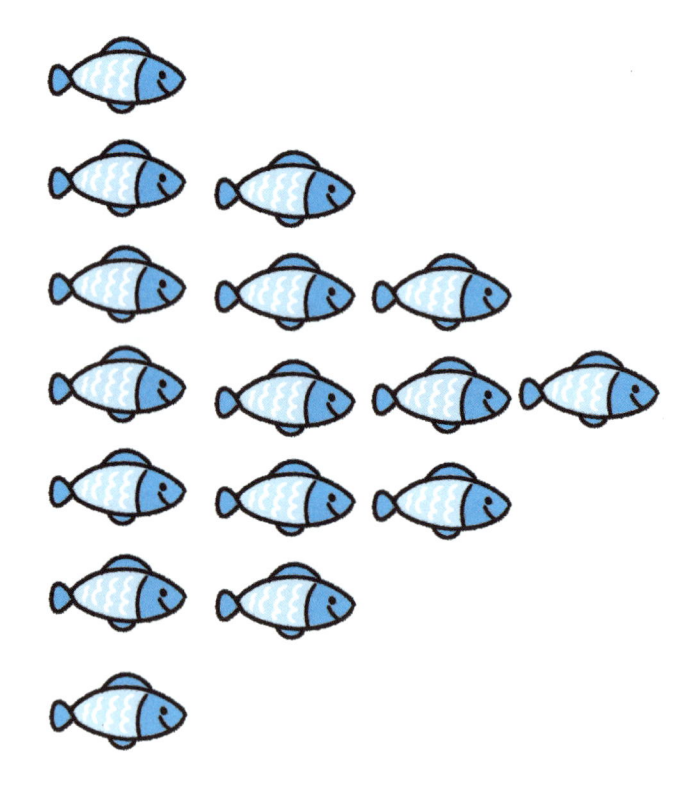

1、3、5、7と　いう
かずを　きすうと　いいます。

き　いたのかな？

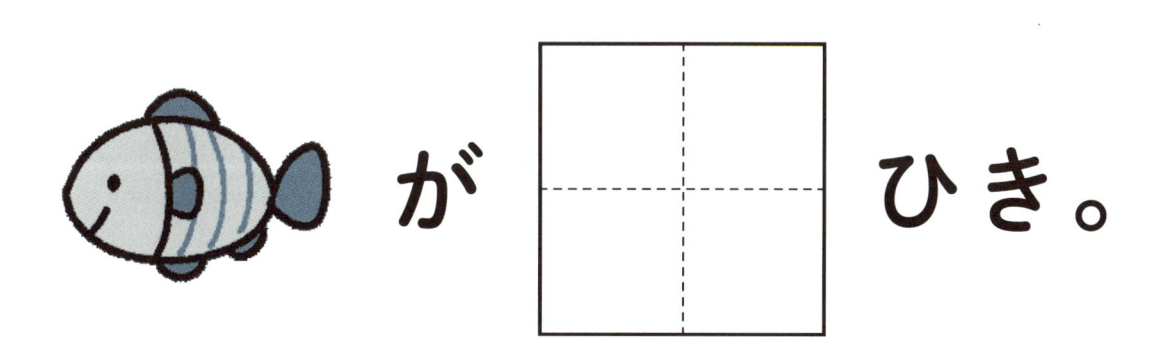 が [　] ひき。

 1と　2と　3と　4で
いくつに　なるかな？

50ページ こたえ

10と　5で　15だね。

くじらは　あわせて　なんとう？

しんかいに　もぐったぞ。たくさんの　くじらが
いる！　まっこうくじらに、しろながすくじらだ。
な、なんと　だいおういかと　かくとうして　いる
くじらも　いる。

まっこうくじら　4とうと
しろながすくじら　3とう、
あわせて　なんとう
いるのかな？

52ページ こたえ

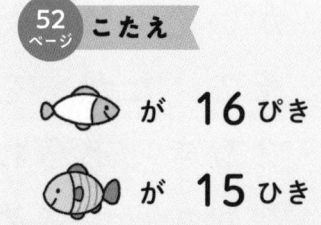 が **16ぴき**

が **15ひき**

さめは　ぜんぶで　なんびき？

かいぞくせんだ。なかには　たからが　あるぞ！
その　たからを　まもって　いるのか、さめが
２ひき　あらわれた。ちかづくと、かいぞくせんの
なかから　さめが　どんどん　でて　きて

ふえて　いく。まずい！
６ぴき　ふえたと　いう　ことは、
ぜんぶで　さめは　なんびきに
なったのかな？

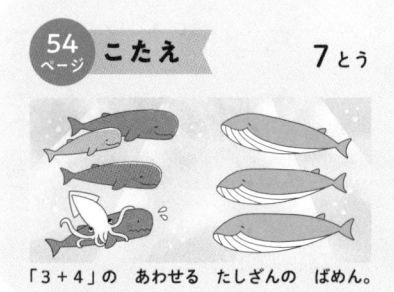

54ページ　こたえ　　　7とう

「3＋4」の　あわせる　たしざんの　ばめん。

きんの　のべぼうは　ぜんぶで

ちょうおんぱで　さめを　おいはらい、たからを
てに　いれたぞ。きんの　のべぼうは　ぜんぶで
なんぼん　あったのかな？

なんぼん？

1と　2と　3と　4、この
ならびかたは、さかなを　かぞえる
ときにも　でて　きたよね。

56
ページ　**こたえ**　　　　8ぴき

「2＋6」の　ふえる　たしざんの　ばめん。

59

ちょうちんあんこうは　なんび

きんの　のべぼうを　のせて　しゅっぱつ！
ところが　まっくらで　ほうこうが　わからない。
その　とき、ちょうちんあんこうが、ちょうちんを
てらして、みちを　つくって　くれたよ！

きかな？

ちょうちんあんこうは　なんびき
いるかな？
5ひきが　2れつで　□ぴきだ。

58 ページ こたえ　　　26 ぽん

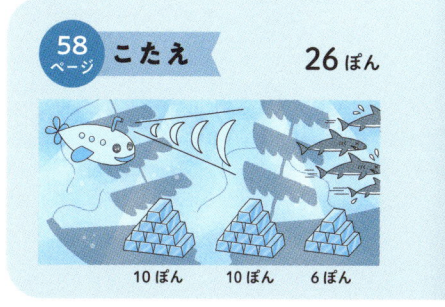

10 ぽん　　10 ぽん　　6 ぽん

うちゅうの 「さんすう」

しまに とうちゃく。ろけっとが あるぞ！
ろけっとを かんせいさせて、
うちゅうぼうけんに でかけよう。
こんどは、どんな わくわくが まって いるかな。

ぴったり あてはまる まどは どれかな？
みぎの つばさと かたちも おおきさも おなじ
つばさは どれかな？

ぼうけんへ

① ② ③ ④

① ② ③ ④

60 ページ こたえ 10ぴき

5と 5で10。

ろけっとの　もようを　いれよう

ろけっとが　うちゅうに　むかって　いるぞ！
どんな　もようの　ろけっとかな。
65ぺえじの　かたちを　ならべて　ろけっとに
もようを　いれよう！

!

103 ぺえじに　おなじ　ものが
あるよ。はさみで　きって、
ならべて　みよう。

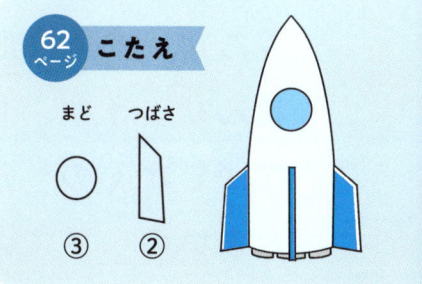

62
ページ　こたえ

まど　つばさ

◯　／

③　②

65

どの　うちゅうすてえしょんと

うちゅうすてえしょんに　どっきんぐして
ねんりょうや、しょくりょうを　ほきゅうしよう。
ながしかくの　たいようこうぱねるが
8まいの　すてえしょんだよ。さて、どれかな？

どっきんぐするのかな？

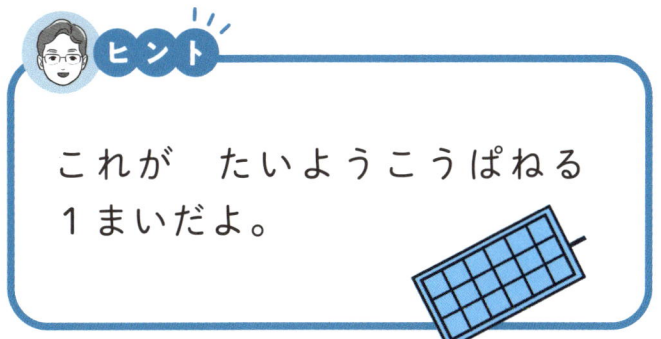

ヒント

これが　たいようこうぱねる
1まいだよ。

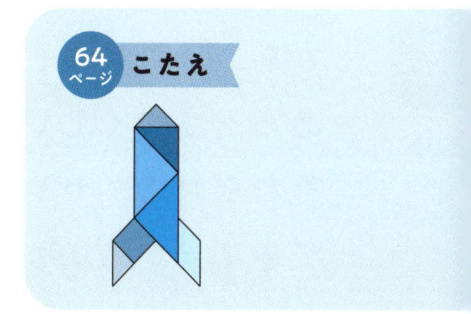

64ページ　こたえ

せいざを つくる ほしの か

ししざ

かにざ

さあ、それでは、つきを めざして しゅっぱつだ。
あっ、うつくしい せいざが みえて きたぞ。
それぞれの せいざは、なんこの ほしで
できて いるのかな？

ずを　かぞえよう！

いてざ

はくちょうざ

※星座の星のつなぎ方は、諸説あります。

 ヒント

ほしに　しるしを
つけながら　かぞえて　みよう。

66ページ こたえ

どの　くるまを　つかうの？

げつめんに　ついたぞ！
げつめんたんけんに　つかう　くるまは、たいやが　8こだ。
どの　くるまを　つかうのかな？

20
にちめ

70

68
ページ　**こたえ**

かにざ	**7**こ
ししざ	**15**こ
はくちょうざ	**11**こ
いてざ	**15**こ

どこまで　じゃんぷできる？

0m（めえとる）

1m
（ちきゅうで
とべるきょり）

2m
（2ばい）

ちきゅうで　たちはばとびが　1m（めえとる）の　ひとは、
つきでは、なんm（めえとる）　とべるのかな？

4m
（4 ばい）

6m
（6 ばい）

 ヒント

つきの　じゅうりょくは　ちきゅうの　6ぶんの1。だから　つきでは6ばいの　きょりを　とべるよ。

70ページ こたえ

で、でた！　うちゅうじんだ！

うちゅうじんが　あらわれた！
いったい　うちゅうじんは　なんにん　いるんだ？
この　あと、3にんが　さって　いった。
のこったのは、なんにん？

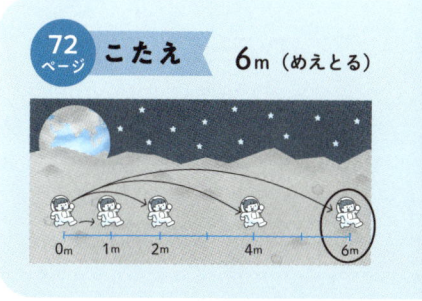

のこった うちゅうじんの う

のこったのは、7 にんだ。
こんどは 7 にんを うちゅうせんが 5 き むかえに
きたぞ。1つの うちゅうせんに ひとりずつ のると、
うちゅうせんが たりない。いくつ たりないんだろう?

ちゅうせんは　いくつ　たりない？

ヒント

うちゅうせんと　うちゅうじんを
せんで　むすんで　みよう。

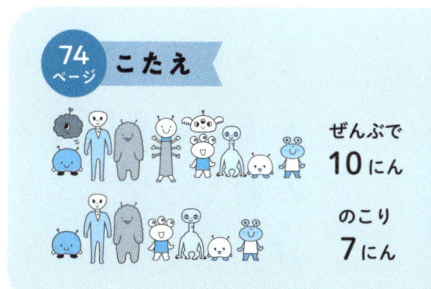

74ページ　こたえ

ぜんぶで
10にん

のこり
7にん

みおくって　くれた　うちゅう

ちきゅうに　むけて、つきを　しゅっぱつしたぞ！
すると、たくさんの　うちゅうせんが　あつまって　きた。
みおくって　くれて　いるようだ。
ぜんぶで　いくつの　うちゅうせんが　いるのかな？

せんは　いくつ？

ヒント

５ずつ　かぞえて　みよう。

ご　　　じゅう　　じゅうご　　にじゅう　にじゅうご　さんじゅう
5、10 、15、20、25、30……

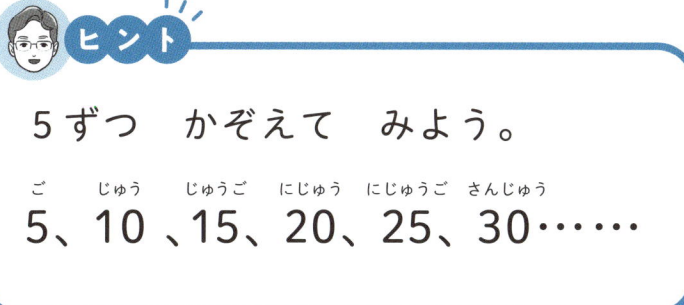

76ページ　こたえ　　2き　たりない

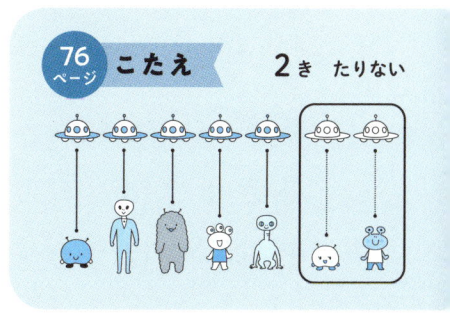

79

ちきゅうは　なんばんめ？

たいようけいの　わくせいが　ならんで　いるよ。
ぜんぶで　いくつかな？（たいようは　いれません。）
ちきゅうは、たいように　ちかい　ほうから　なんばんめ？
とおい　ほうからは　なんばんめかな？

※天体の大きさと位置は、実際の比率と異なります。

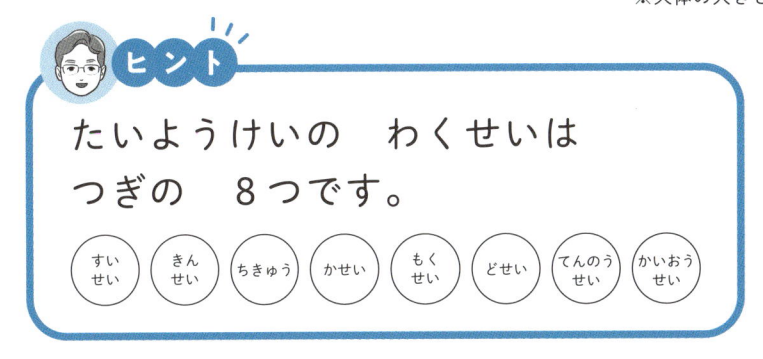

ヒント

たいようけいの　わくせいは
つぎの　8つです。

| すいせい | きんせい | ちきゅう | かせい | もくせい | どせい | てんのうせい | かいおうせい |

78ページ **こたえ**

30き

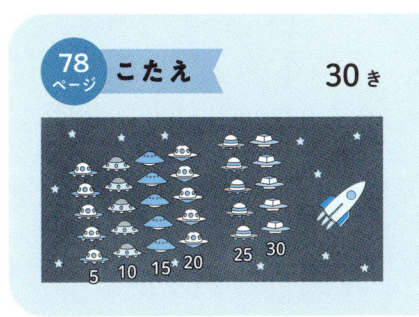

ちきゅうに　かえって　きたぞ！

ちきゅうは、みずの　わくせいと　よばれ、みずが
たくさん　あるので　あおく　うつくしい。ところが
ちきゅうの　みずを　100ぱいの　みずに　たとえると、
97はいが　うみの　みず。のみみずに　できる

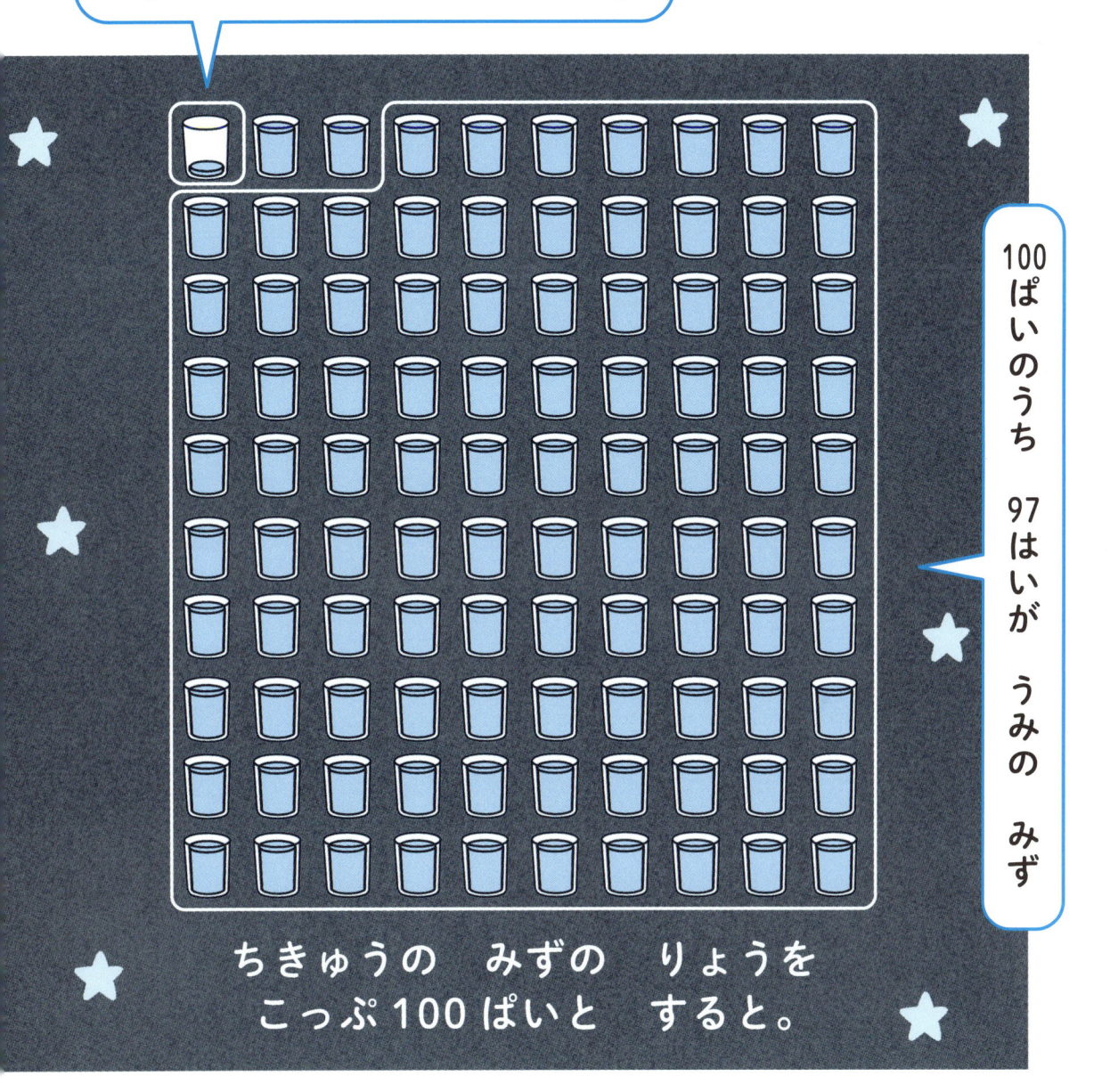

すぐに　りようできる　みずは
1ぱいの　100ぶんの1の　みず

100ぱいのうち　97はいが　うみの　みず

ちきゅうの　みずの　りょうを
こっぷ100ぱいと　すると。

たんすいは　1ぱいの　みずの
100ぶんの1しか　ないんだ。
それを　ちきゅうの　みんなで
わけて　いるんだよ。

80ページ **こたえ**

ぜんぶで**8**つ
ちかい　ほうから
3ばんめ
とおい　ほうから
6ばんめ

よるの　がっこうの

もうすぐ　しょうがっこう　にゅうがくだね。
よし、それでは　がっこうって
どんな　ところか　よるの　がっこうを
ぼうけんして　みよう！

「さんすう」ぼうけんへ

1くらすの　くつばこは　なんこ

1くらすの　くつばこの　かずは　いくつかな。
そして、くらすの　にんずうは　なんにんかな。
くつが　はいって　いる　くつばこの　かずが
くらすの　にんずうだ！

?

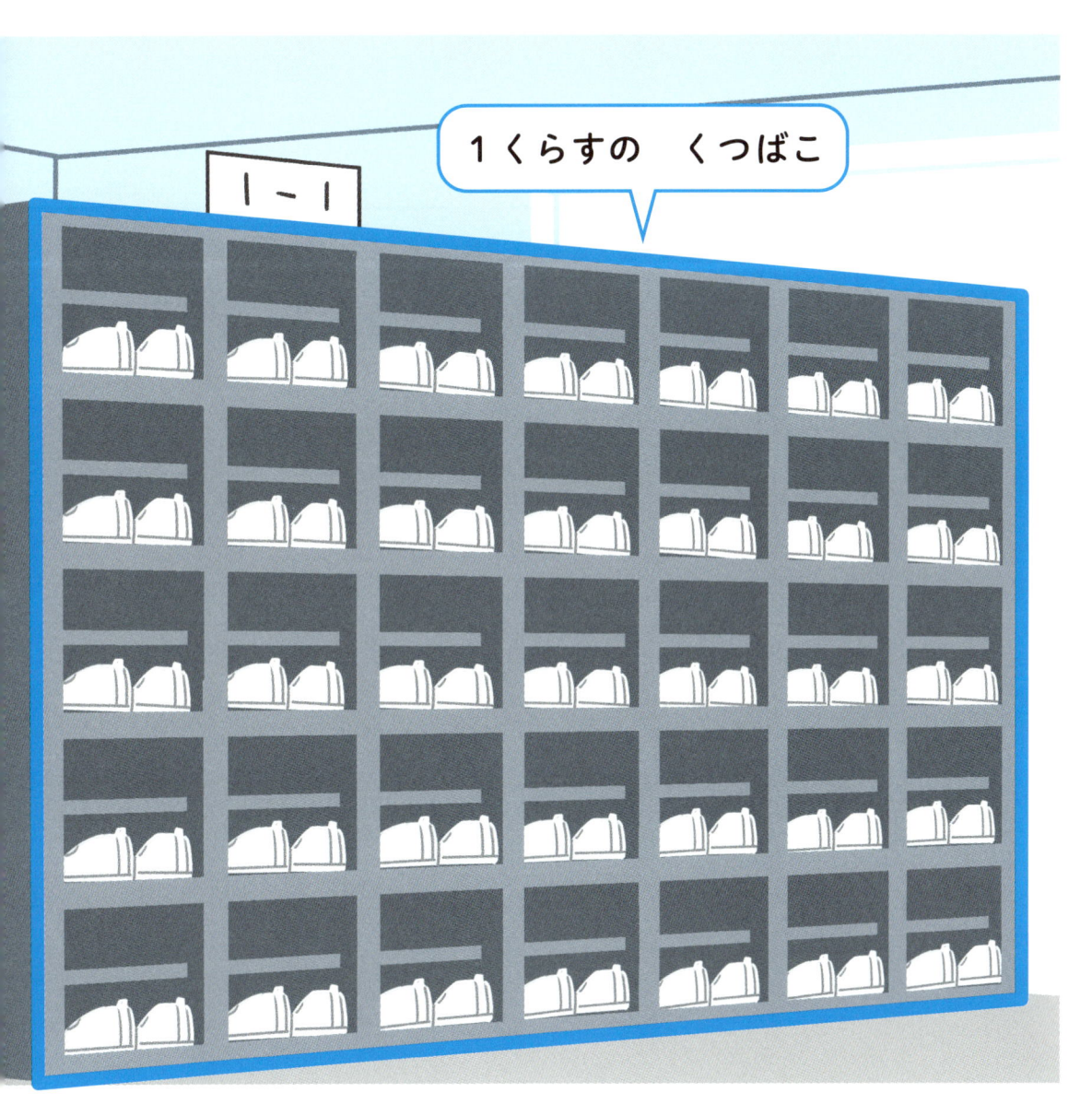

1くらすの　くつばこ

1－1

 ヒント

5とびの　かぞえかたが　つかえそうだね。

ご　じゅう　じゅうご　にじゅう　にじゅうご　さんじゅう　さんじゅうご
5、10、15、20、25、30、35……

ろうかの　ながさは　なんm（め

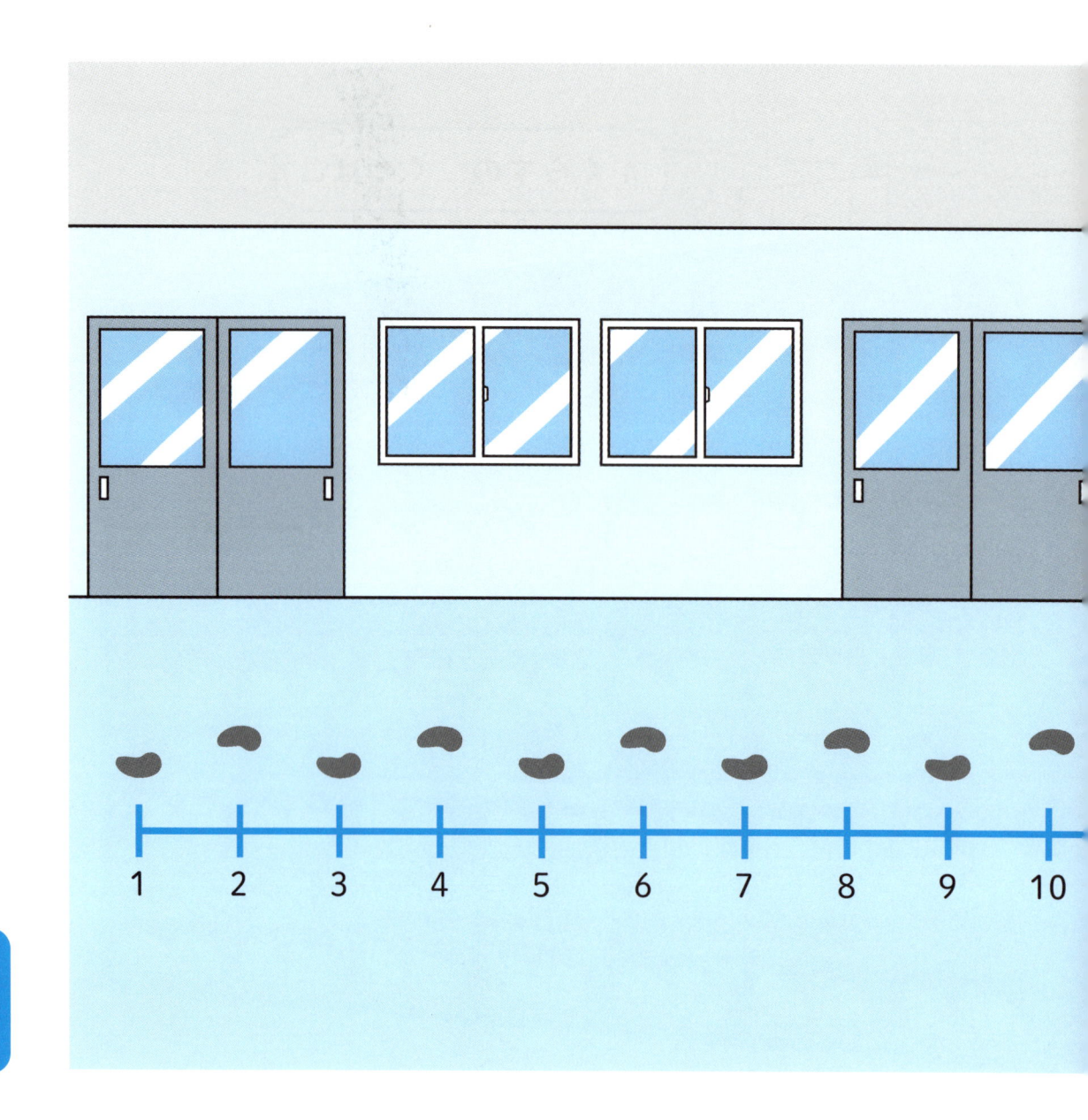

がっこうには　ながい　ろうかが　あるんだね。

いったい　なんm（めえとる）　あるんだろう。おおまたで

はしって　みたら、およそ　20ぽだった。1ぽを

1m（めえとる）と　したら、ろうかは

えとる）？

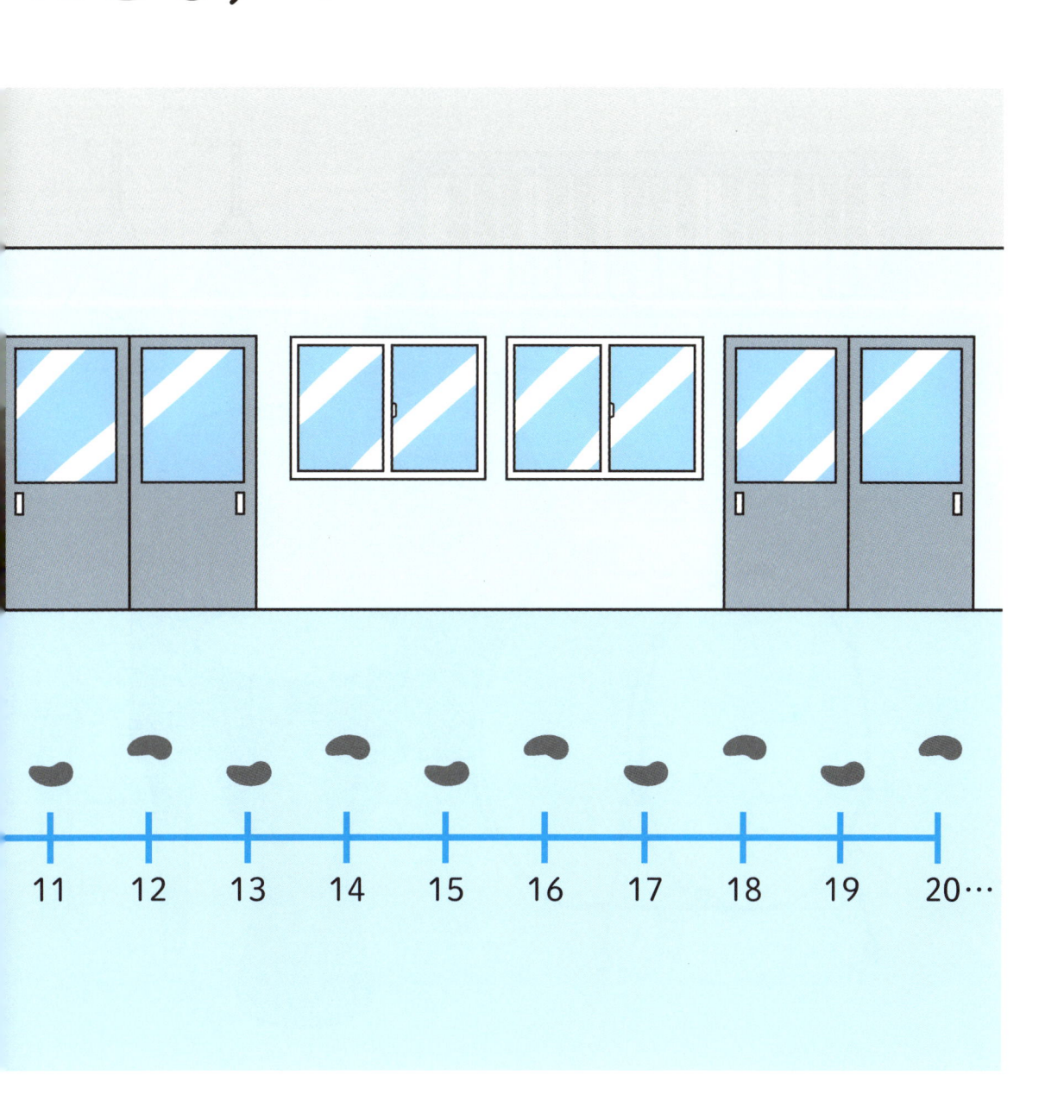

11　12　13　14　15　16　17　18　19　20…

なん m（めえとる）かな。

86ページ こたえ

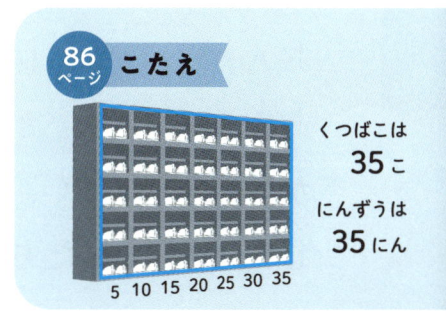

くつばこは
35こ

にんずうは
35にん

5　10　15　20　25　30　35

すてきな　がっきの　かたちを

おんがくしつには、すてきな　がっきが　たくさん
あるんだね！　がっきの　なまえが　わかるかな？
がっきを　よく　みて、まる、さんかく、
しかくの　かたちを　みつけて　みよう！

みて　みよう！

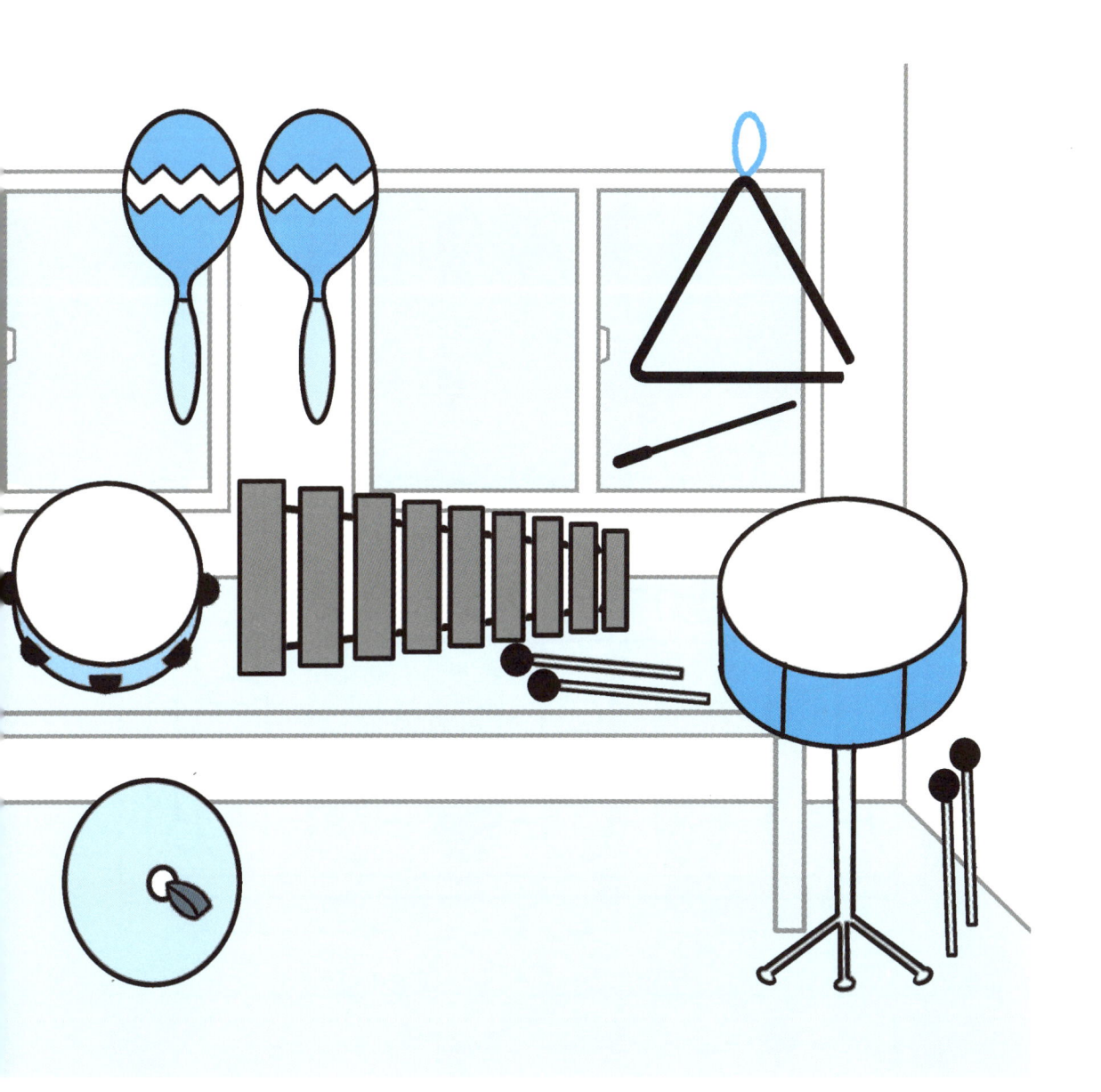

👓 ヒント

おおだいこ、しんばる、こだいこ、べる、
とらいあんぐる、たんばりん、てっきん、
けんばんはあもにかの　かたちは
なんでしょう。

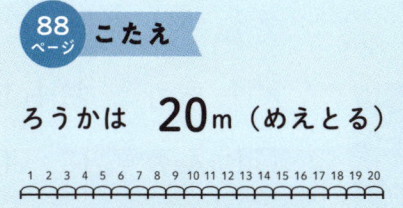

88
ページ こたえ

ろうかは　**20**m（めえとる）

1 2 3 4 5 6 7 8 9 10 11 12 13 14 15 16 17 18 19 20

りかしつの　どうぐの　かんさ

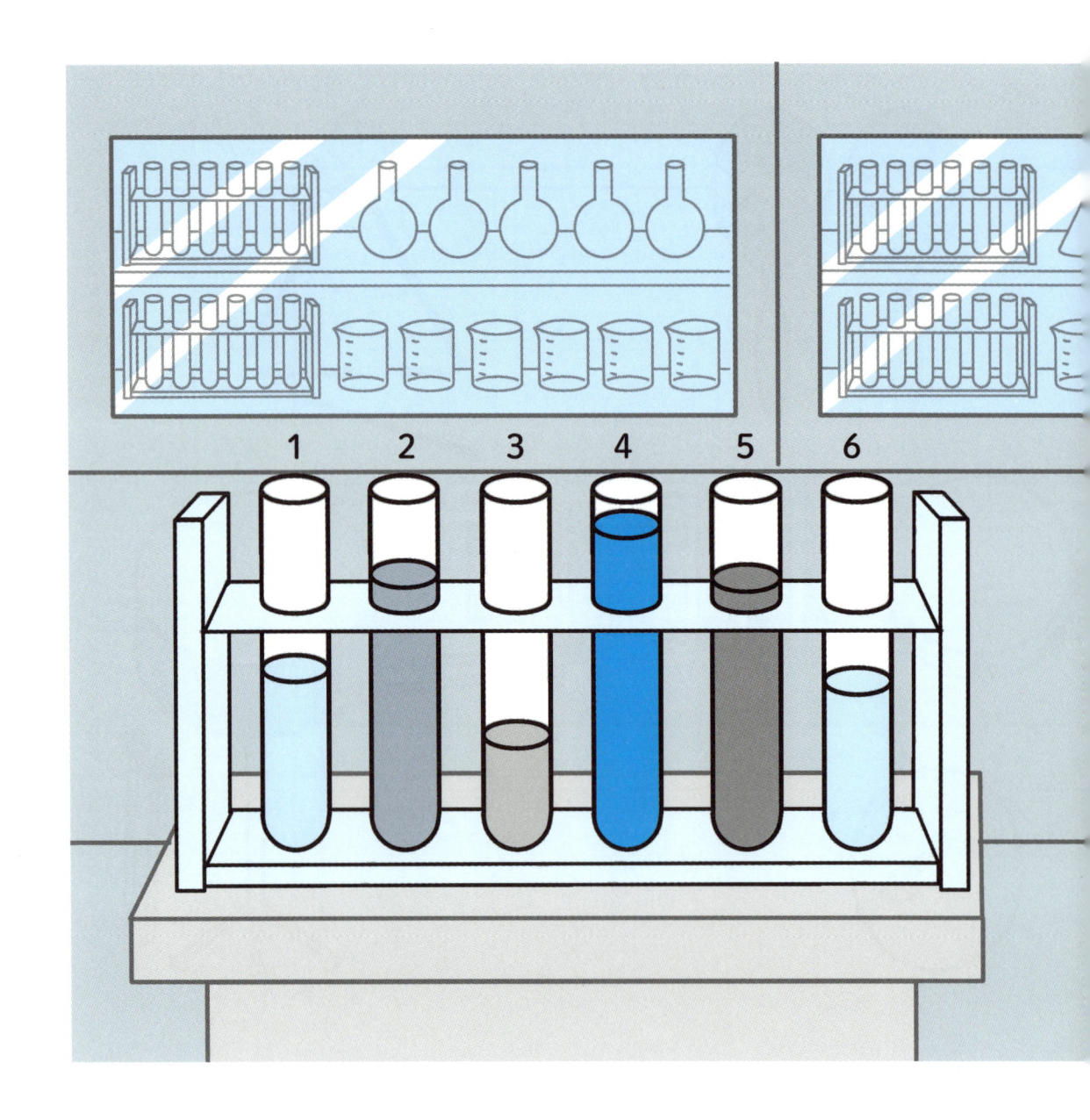

30
にちめ

てんびんを　みて　みよう。はさみと　ほっちきすは、
どちらが　おもいって　ことかな。
しけんかんに　はいって　いる　いろみずは、なんばんが
いちばん　おおい？

つを　して　みよう！

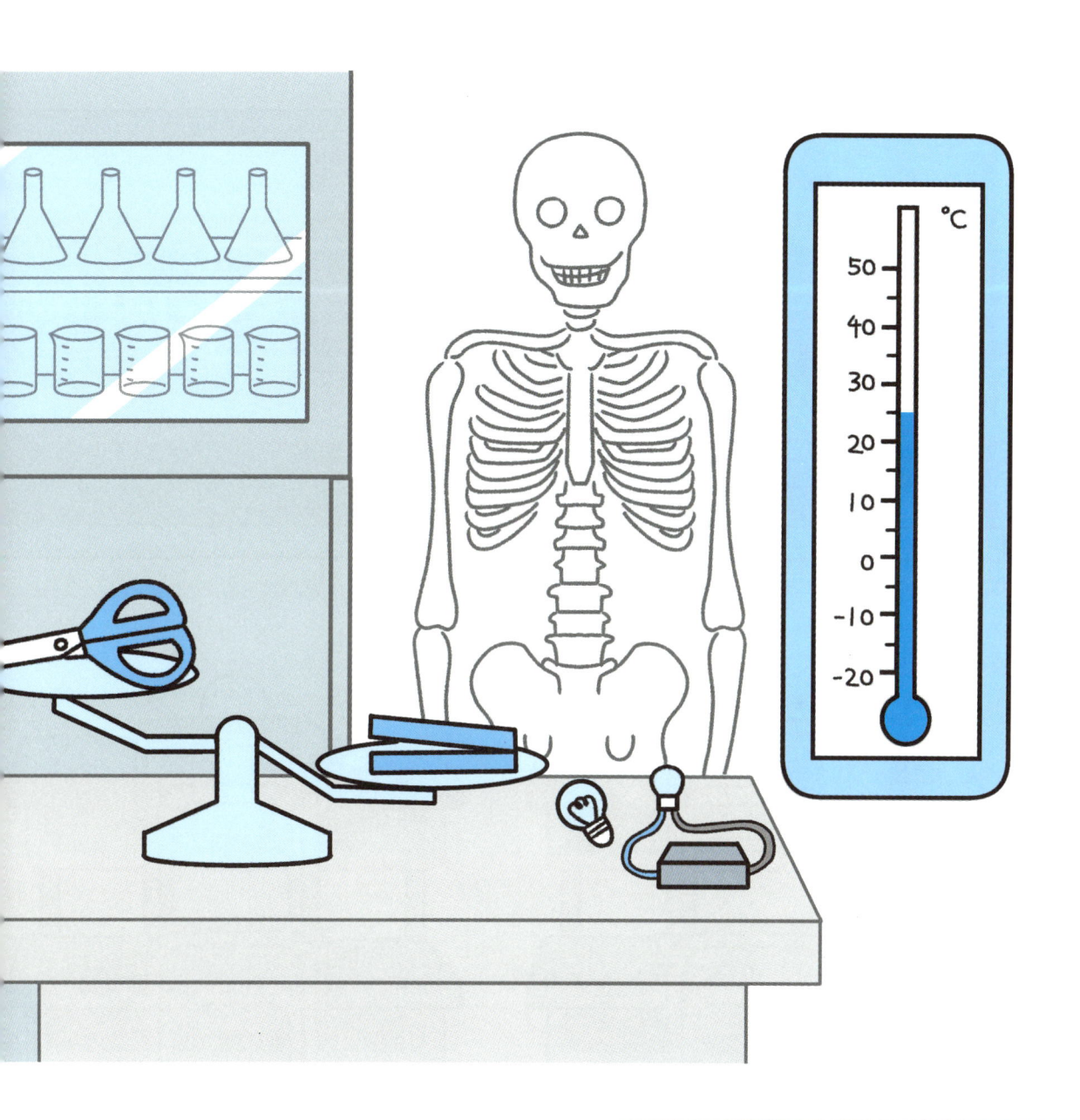

おんどけいを　みて　みよう。
いまの　きおんは　なんど？

90
ページ こたえ

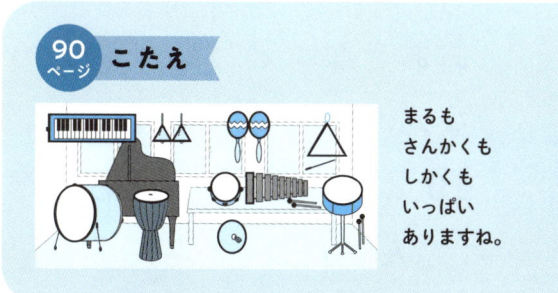

まるも
さんかくも
しかくも
いっぱい
ありますね。

きょうしつの　とけいは　なん

よるの 10 じ ☐ ぷん

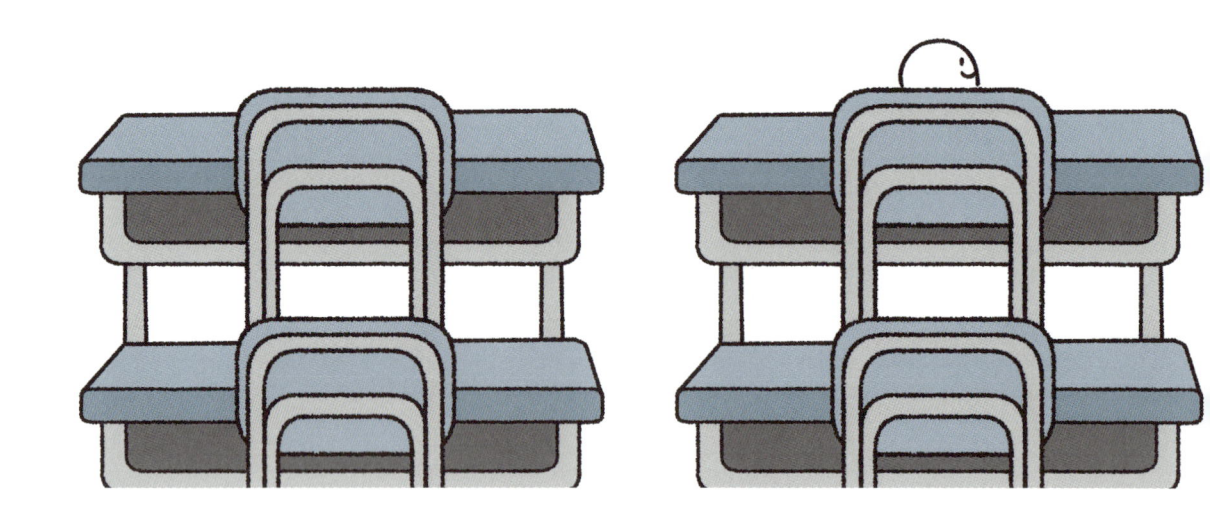

おおきな　とけいが　あったぞ！　いまは　よるの
なんじだろう。みじかい　はりは、なんじかを　あらわすよ。
10 じと　11 じの　あいだだね。ながい　はりは
「ふん」だよ。「ふん」は　5 ずつ　ふえて　いるね。

じ？

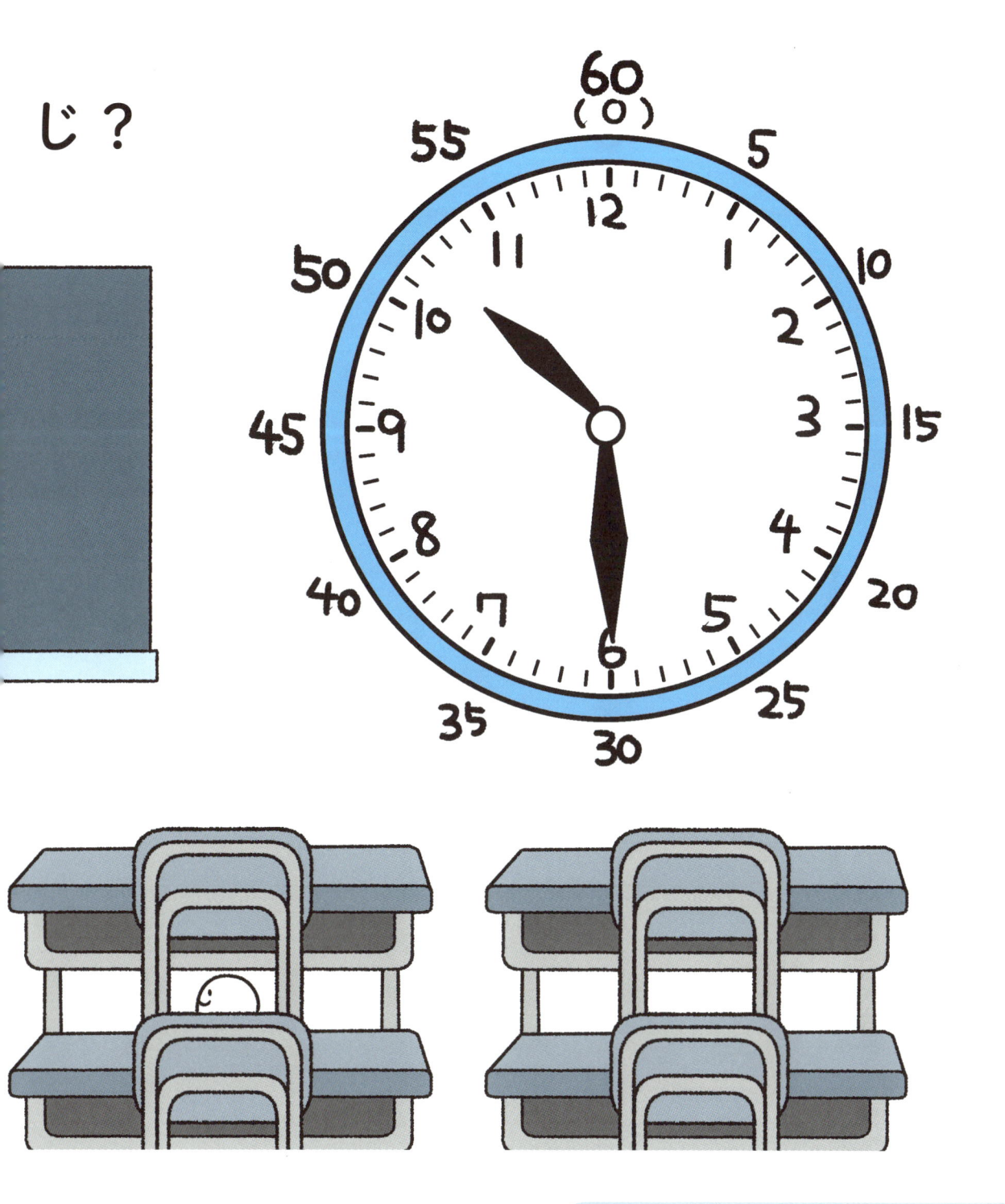

「6」を さして
いるよ。 なんぷんを
あらわすのかな？

92
ページ こたえ

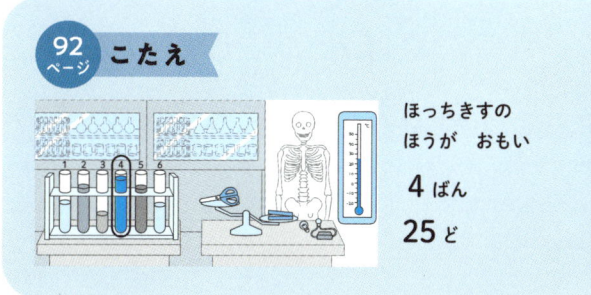

ほっちきすの
ほうが おもい

4 ばん

25 ど

かんじの　ひにちを　よもう！

こくばんに　しがつの　ひにちが　かんじで　かいて
あったよ。よんで　みよう。

四月　しがつ

一日　ついたち

二日　ふつか

三日　みっか

四日　よっか

五日　いつか

94ページ こたえ

10じ 30ぷん

すべての　ぼうけんが

きみは　りっぱに　すべての　ぼうけんに
ちょうせんし、たいせつな　たからを　てに
いれる　ことが　できたぞ！　それは　きみの
こころと　あたまの　なかに　ある！

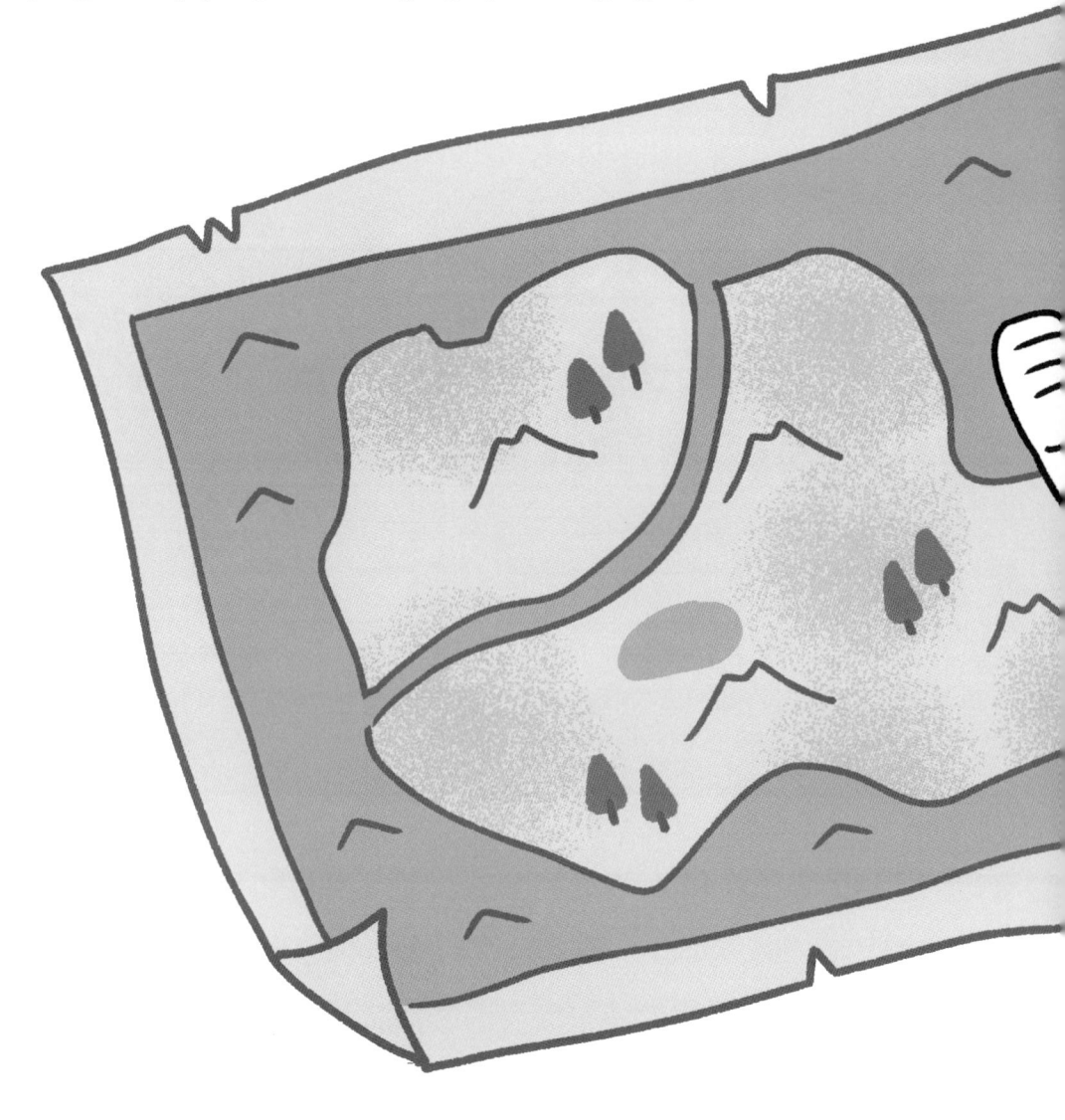

おわった！

さあ、がっこうに　にゅ

4 がつから　1 ねんせいだね！
じしんを　もって　がっこうに　いこう！
きみなら　できる！

にゅうがく　おめでとう！

盛山　隆雄（せいやま　たかお）

筑波大学附属小学校教諭。
筑波大学非常勤講師。玉川大学非常勤講師。
鳥取県出身。学習院初等科を経て、現職。
著書に『思考と表現を深める算数の発問』（東洋館出版社）、『100 玉そろばん「かずのれんしゅうちょう」』（教育同人社）、『盛山流算数授業のつくり方 8 のモデルと 24 の事例』（光文書院）、『「数学的な考え方」を育てる授業』（東洋館出版社）、『クラスづくりで大切にしたいこと』（東洋館出版社）、共著『子どものために教師ができること』（東洋館出版社）ほか多数。
全国算数授業研究会会長、[JEES] 特定非営利活動法人 全国初等教育研究会理事、教育出版「小学校算数教科書」編集委員、東洋館出版社「算数授業研究」編集委員、日本数学教育学会編集部常任幹事などを務める。
X：@ seiyama1218

装丁／西垂水敦・岸恵里香（krran）
カバーイラスト／まりな
本文イラスト／うつみちはる
本文顔イラスト／かりた
本文デザイン・DTP ／高見澤愛美

はじめてのさんすう
ぼうけんきょうかしょ

2024 年 12 月 31 日　初版第 1 刷発行

著　者　　盛山　隆雄
発行者　　淺井　亨
発行所　　株式会社実務教育出版
　　　　　〒 163-8671　東京都新宿区新宿 1-1-12
　　　　　電話　03-3355-1812（編集）　03-3355-1951（販売）
　　　　　振替　00160-0-78270

印刷・製本／中央精版印刷株式会社

64 ぺえじの「ろけっとの　もようを
いれよう！」で　つかうよ。
はさみで　きってから　ろけっとの
えの　うえに　おいて　みよう。
はさみを　つかう　ときは　けがを
しない　ように　きを　つけよう。
おうちの　ひとと　いっしょに
つかうと　いいね。